„Hunde sehen zu uns herauf.
Katzen sehen auf uns herab.
Schweine sehen uns als ebenbürtig an.“
Winston Churchill

FAKTuell® -Verlag

Alles über Minischweine
oder:
„Wat willste denn mit Minischweine?"

Sachbuch
©2001/2002
Herausgeber
Christopher Ray

Autoren
Peter Schwarz
Monika Berger-Lenz

Das Buch

Heute schon Schwein gehabt?

Oder Opfer einer Schweinerei geworden?

Einer echten Drecksau begegnet, oder sich mal wieder richtig im Erfolg gesuhlt?

Für viele Dinge, vom Glücksschwein bis zur Sauerei muss unser Hausschwein herhalten. Aber wie ist es denn wirklich? Könnte es den Sprung vom Hoftier zum Haustier schaffen? Oder hat es das vielleicht schon längst?

Dieses Buch wird Ihnen helfen, sich diese Frage selbst zu beantworten.

Die Autoren

Peter Schwarz
Der Züchter der Wiesenauer Minischweine
Monika Berger-Lenz
Journalistin – Herausgeberin der ersten deutschen Onlinezeitung

Verlag
FAKTuell ® Redaktion & Verlag
Berger-Lenz
An den Birken 5
02827 Görlitz
http://www.FAKTuell.de

*

Umschlaggestaltung, Grafik und Illustrationen:
Claudia von Hausen: http://www.Gopress.de
Herstellung: Books on Demand GmbH

*

ISBN 3 - 8311 - 3016 - 7

Vorwort

Kleine Schweinereien • Weltpolitik •
Überraschung • Anna und die Prominenz •
Immer ich • Zur Sau gemacht •
Wat willste denn mit Minischweine •
Schweinereien - auch angenehme •
Der mit dem Schwein pfeift •

„Schreib doch mal ein Vorwort, damit die Leser eine Ahnung bekommen, wie so ein Sachbuch überhaupt entsteht," bat meine Chefredakteurin mich etwas überraschend.
Es war der 12.September 2001 – gerade ein Tag nach dem Anschlag auf das World-Trade-Center und Washington.
Eigentlich wartete ich gerade auf eine eMail unseres Amerika-Korrespondenten, der Neuigkeiten zum bevorstehenden Gegenschlag der Amerikaner gegen die Taliban angekündigt hatte. „Auch eine Schweinerei, aber eine unangenehme," murmelte ich, während ich versuchte auf das neue Thema einzusteigen.
Mein Versuch, diese Aufgabe an einen Kollegen abzugeben, weil ich ja gerade entscheidende journalistische Arbeiten zur Weltpolitik zu leisten habe und man mit einem Vorwort für ein Buch über Minischweine kaum den Pulitzerpreis gewinnen könne, wurde mit dem dezenten Hinweis: „Du hast auch Pflichten als Herausgeber," vom Tisch gewischt. „Aber...
...kein Mensch liest mehr Vorworte," startete ich einen letzten verzweifelten Versuch, Ihnen und mir diese Einführung zu ersparen. Wie Sie sehen, liebe Leser, ist mir auch das nicht gelungen.

Schon haben sie einen ersten Eindruck, wie so ein Sachbuch entsteht - teilweise unter dem Druck einer liebreizenden, aber resoluten Chefredakteurin...

...ursprünglich allerdings, weil meine Kollegin Anna bei einem Interview (natürlich mit einer aufstrebenden Lokalpolitikerin!) deren Sekretärin kennen lernen durfte, die ihr neben einem die Wartezeit verkürzenden Kaffee auch einen Blick auf die Bilder ihres neuen Haustiers anbot.

Sie ahnen es schon...

...es war weder Hund noch Katze, sondern ein (O-Ton Anna) *„klitzekleines, süßes Schweinchen!"*

Bei der nächsten Redaktionskonferenz brachte Anna uns einen Satz Schweinebilder und eine saumäßige Begeisterung mit. „Wie Katzen sind diese kleinen Schweine", erzählte Anna mit glänzenden Augen. „Wer will schon drei Zentner schwere Katzen?", entgegnete Eric. Was bei Anna einen Schwall von Halbexpertenwissen auslöste. Mit dem Resultat, dass die ganze Redaktion sicher war, dass man Anna auf den Arm genommen hatte.

Frank, der sich (wie ein bekannter Herausgeber eines Wochenmagazins) stets an Fakten, Fakten, Fakten orientiert, holte als Beleg für *„die eindeutige Verarsche"* die Fotostrecke der „Miss-Piggy-Wahl" aus dem Archiv.

„Die schönste Sau von Sachsen", war in Görlitz unter reger Beteiligung von Presse und Publikum vor einem knappen Jahr im Görlitzer Zoo gewählt worden.

„Die haben dir einen Frischling untergejubelt," stellte Frank mit aller Bestimmtheit fest.

„Selbst das Hängebauchschwein ist mindestens doppelt so groß, wie dein Sekretärinnenschwein," zeigte er Anna mit triumphierender Stimme.

Selbst Anne, die sich mit Recht Annas beste Freundin nennen darf, hielt die Möglichkeit ein Schwein in der Wohnung zu halten eher für eine Ente.

Mein Versuch, das Thema zu wechseln indem ich auf die täglichen Schweinereien in der Landespolitik hinwies bei der sich gerade neue Erkenntnisse zu Biedenkopfs Sozialmiete für die Regierungsvilla in Dresden abzeichneten, scheiterte kläglich.

Die Chefin saß grinsend am Tisch, und hatte sich bisher noch nicht geäußert. Still, was auch unüblich ist, schaute sie sich die Bilder an, die Anna herumgereicht hatte...
„Ich,“ sagte sie plötzlich in beeindruckender Lautstärke. „Ich werde mich darum kümmern.“
Das war, *wie üblich*, an einem Montag.
Der Rest der Redaktionssitzung verlief tatsächlich *wie üblich*, und passt somit nicht in den Rahmen dieses Vorwortes.
Am Freitag sprach mich die Chefin wieder auf die Angelegenheit an. „Diese Minischweine, Du erinnerst dich sicher, sind doch interessanter als wir geglaubt haben. Der Züchter ist Lausitzer. Ich habe einen Termin ausgemacht. Wir fahren am Sonntag zu ihm nach Wiesenau, um uns ein eigenes Bild zu machen, sehen was an der Sache dran ist.“
Also packten wir am Sonntag unsere Jungs ein, und fuhren zu Peter Schwarz. Dem Mann, der das Schwein vom Hoftier zum Haustier mit wohnzimmergerechter Größe gezüchtet haben soll, dachte ich in diesem Moment mit aller natürlichen Skepsis.
Ehrlich gesagt, war mein journalistisches Interesse zu diesem Zeitpunkt noch längst nicht erwacht. Hinzu kam, dass ich mir den Sonntag eigentlich für einen Badeausflug an den Olbersdorfer See reserviert hatte...
Mit entsprechend guter Laune startete ich am Sonntag, als Fahrer missbraucht und meines Sonnentags am See beraubt, nach Wiesenau, in der Nähe von Frankfurt/Oder.

Peter Schwarz entpuppte sich (zum Glück) als ein Mensch, den man auf Anhieb gern haben musste. Wir wurden wie alte Freunde empfangen und so umfassend und amüsant über die Entwicklung der Minischweine informiert, dass wir uns nach drei Stunden selbst als Experten fühlen konnten.
Sollten Sie, liebe Leser sich irgendwann für ein Minischwein als Hausgenossen entscheiden, dann werden sie Peter Schwarz als einen Menschen kennen lernen, der es mühelos schafft, Sie über Stunden hinweg fesselnd zu unterhalten und Ihnen dabei Informationen so mühelos vermittelt, wie Sie es sicher nur selten erlebt haben.
Für uns langte es jedenfalls, um einen viel beachteten Artikel über die Wiesenauer Minischweine zu schreiben. Die

Resonanz war so groß, dass daraus die Idee zu diesem Buch entstand. Viele Leser beklagten nämlich, dass es *„keine vernünftige Literatur"* zum Thema Minischweine gibt.
Eine Leserin schickte uns zum Beweis ein Buch *„in übelster Qualität - sowohl von der Aufmachung, als auch vom Inhalt Her",* schrieb sie im Begleitbrief.
„So wie in Ihrem Artikel, sollte ein Buch über Minischweine gemacht werden," forderte sie...
...und hier ist es!

Von Peter Schwarz erzählt,
von Monika Berger-Lenz geschrieben,
von den Redaktionsmitgliedern ergänzend recherchiert,
und von mir abschließend zusammengestellt, was mir den ehrenhaften Titel Herausgeber eingebracht hat.
Ich hoffe, Sie sind mit dem Resultat zufrieden.
Ihr
Christopher Ray
Görlitz im November 2001
http://www.FAKTuell.de - Die Online-Zeitung

PS. „Der mit dem Schwein pfeift" haben sie mir als Titel glatt abgelehnt.

„Wat willste denn mit Mini-Schweine?"

Fette Schweine • Wohnungsschwein •
Wer will schon Streichelschweine • Lisa •
Ab nach Österreich •

„Schweine sind sehr schöne Tiere. Wer anders darüber denkt, der sieht nichts mit eigenen Augen, sondern nur durch die Brille von anderen. Die wahren Umrisse eines Schweins gehören zu den hübschesten und schwelgerischsten in der Natur." G.K. Chesterton

Als Peter Schwarz zu Wendezeiten in dem kleinen Dorf Wiesenau, zwischen Eisenhüttenstadt und Frankfurt/Oder damit begann seinen Jugendtraum in die Realität umzusetzen, erntete er bei seinen Nachbarn Kopfschütteln und Unverständnis.

Eine Sau muss groß, dick und gut verwurstbar sein. Schließlich wird sie nach Gewicht verkauft. Möglichst viel Geld zu verdienen erschien in den Tagen der Wende hier im Osten nicht nur als neue Möglichkeit, sondern fast schon als Pflicht.
Nicht für Peter Schwarz.
Der wollte seine Schweine lieber klein und handlich.
Mehr fürs Wohnzimmer als für die Küche.
Haustier statt Hoftier.
Undenkbar für die Landwirte in seiner Umgebung, die sich eher für Katzen und Hunde entschieden, wenn es um tierische Hausgenossen ging. Und auch die sollten möglichst noch nützlich sein. Den Hof bewachen oder Mäuse fangen.
„Wer will schon Streichelschweine?", war eine der häufigsten Fragen. Die Schwarz mit einem umwerfenden Grinsen und einem eindeutigen „Ich!" beantwortete.
Nicht nur er. Inzwischen so ziemlich alle. Nach Wien hat er sie schon verkauft, nach Spanien verschickt und einmal sich sogar schweren Herzens von seiner Hausgenossin Lisa getrennt. Die war einem Paar aus Österreich derart ans

Herz gewachsen, dass es nur dieses Schwein und sonst gar keins wollte. Liebe auf den ersten Blick.

Regina und Peter Schwarz ist das nicht leichtgefallen. Stundenlang haben sie geredet, dann haben die Österreicher doch ihren Willen und Lisa, das ausgewachsene Wiesenauer Minischwein, bekommen.

Jetzt hat er eine neue Lisa im Haus. Getreu dem Motto: Schwein muss man haben. Mindestens eins.

Regina Schwarz mit „Lisa 2001"

Meine Wiesenauer Minischweine

Schweinehirt • Der Schäfer •
Belämmert • Die Vietnamesen •
Eigene Schweinereien •

*„Es kostet unsägliche Mühe ein Schwein
zu züchten" Pablo Neruda*

Wie häufig im Leben spielten auch hier die Vorliebe und der Zufall eine große Rolle. Die Vorliebe hatte ich schon als Junge. Mich hat es immer irgendwie in den Schweinestall getrieben. Die Schweine haben mich fasziniert.

Also bin ich zum Bauern, habe ihn gefragt, ob ich seine Schweine hüten darf und der war auch nicht böse darüber. Immerhin konnte er so seine Zeit für andere Sachen verwenden und die Schweine kamen an frisches Futter. Also trieb ich die Tiere auf die Weide und machte natürlich meine Experimente.

Eins wurde richtig zahm und hörte auf mich. Und fortan brauchte ich mich um gar nichts mehr zu kümmern. Die anderen Schweine trotteten immer brav hinter diesem Schwein her und taten, was dieses tat. Und das tat natürlich, was ich ihm sagte.

Meistens jedenfalls.

Schon damals war mir klar, dass ich mal Schwein haben will.

Nur die Größe war immer das Problem, ich selbst konnte mir solch ein Tier nicht halten, schon gar nicht in der Stadt. Irgendwann kaufte ich mir ein Haus, dazu Schafe und Ziegen. Die Lämmer tauschte ich bei einem Schäfer gegen schon geschlachtete ein. War einfacher so und es waren nicht meine eigenen Tiere.

Bis eines Tages der Schäfer den Kopf schüttelte. Ein paar Vietnamesen waren in die Stadt gekommen, sämtliche Ziegen bereits bestellt - ich war zu spät gekommen. Doch wohin mit den Schaflämmern? Das Problem war der Schäfer. Der rückte grundsätzlich kein Geld raus, sondern tauschte nur Ware gegen Ware.

Der Schäfer bot mir Schweine an. Das neueste was es gab, Zwergschweine. Die - so der Schäfer - würden nicht so groß werden. „Toll", dachte ich und schnappte mir ein Pärchen Ferkel. Meine Frau hat drei Tage nicht mehr mit mir gesprochen.

Danach war sie allerdings zum Schweinefan mutiert. Wir saßen öfter im Stall als sonstwo, die Tiere wurden zahm, folgten uns wo immer wir hin gingen.

Der Eber hatte es besonders auf meine Frau abgesehen. Hörte er ihre Stimme, war ihm kein Zaun zu hoch und kein Weg zu weit, das Tier überwand alle Hindernisse.

Susi und Borstel wuchsen sich dennoch zu einem recht großen Problem aus: Borstel hatte zum Schluss 130 Kilo. Der bunte Bentheimer, eingekreuzt aus einem Bentheimer und einem Hausschwein, hatte bereits den schönen geraden Rücken den meine Schweine auch heute noch haben und auf den ich großen Wert lege. Und es fehlte ihm der Hängebauch, den ich noch nie gemocht hatte. Nur die richtige Größe, die hatte er eben nicht.

Ich ließ Borstel kastrieren, fast schon zu spät. Zum Ausgleich musste ich ihn viel bewegen - zwei Stunden am Tag. Darauf bestand der Tierarzt. Wie ferngesteuert ist der Eber neben mir hergelaufen. Immer den Hof rauf und runter. Bin ich rechts rum, ist er rechts rum, bin ich links rum, ist er links rum und habe ich gehalten, hat er auch brav angehalten.

Eine Show für Nachbarn und Verwandte.

Wochen später bemerkte ich, dass Borstels Kastration zu spät gekommen war. Er hatte die Sau bereits gedeckt. Mein Entschluss stand fest: Jetzt fang ich an und züchte mir die Schweine runter auf eine handliche Größe.

Die haben sie inzwischen.

Zehn Jahre später wiegen die Wiesenauer Minischweine 20 Kilo, manche Ausreißer bringen bis zu 35 Kilo auf die Waage, mehr schafft keines.

Weniger auch selten.

Und das ist gut so. Kleiner ist nicht besser. Immerhin darf man eines nicht vergessen: Nicht nur die Größe auch das Gehirn wird klein gezüchtet! Und wer will schon eine wirklich *dumme Sau..?*

Was ist eigentlich ein Wiesenauer..?

Zuerst einmal sind und bleiben sie Schweine. Im Gegensatz zu dem normalen Hausschwein sind sie eben nur kleiner. Wiesenauer Minischweinchen zeichnen sich neben ihrer Größe auch durch ihre geraden Rücken, die kurzen Schnauzen und die kurzen Ohren aus. Sie haben alle Farben, die man sich bei einem Schwein nur wünschen kann und sie haben große Kulleraugen, fast wie Rehe, sowie einen geraden Schwanz. Ausgewachsen sind sie etwa 30 Zentimeter hoch, 60 lang und wiegen zwischen 20 und 35 Kilo. Faustregel: Doppelt so lang wie hoch. Die Endgröße ist auch von ihren Eltern abhängig.
Meine Wiesenauer Minischweinchen sind vor allem eins: robust. Ich verhätschele sie nicht. Erscheint ein Ferkel schwach, überlasse ich es der Natur, ob sie das Tier überleben lässt.
Was so herzlos klingen mag ist nicht zuletzt wichtig für die späteren Besitzer. Ein gesundes und widerstandsfähiges Schwein wird ihm nicht nur Geld, sondern auch Kummer ersparen. Selbst im Winter werfen die Minischweinchen, und das tun sie nicht in klimatisierten Räumen, sondern in ihrem Stall. Dann muss man für besonders viel Stroh und Heu sorgen. Daraus bauen sich die kleinen Allesfresser regelrechte Höhlen in die sie sich kuscheln.
Ferkel, die in klimatisierten Räumen aufgezogen werden, sind zwangsläufig anfälliger für Krankheiten jeder Art. Ein verantwortungsvoller Züchter wird der Natur ihren Lauf lassen. Wer im Wurf schwächelt, sollte nicht mit irgendwelchen Hilfsmitteln aufgepäppelt werden. Dass hält die Rasse gesund und das Einzeltier stark.
Wiesenauer Minischweine sind keine Kunstgeschöpfe, die mit dem Hausschwein nichts mehr gemein haben. Sie sind auch keine Missgeburten, die von ihrer Art weg gezüchtet wurden. Wiesenauer Minischweine sind genau das: Kleine Schweine, die ansonsten mit ihren großen, fetten Artgenossen identisch sind. Genau so, wie Pygmäen ganz normale kleine Menschen sind. Eine eigene Rasse, aber keine andere Spezies!

Blutuntersuchungen, Impfungen und rechtzeitige Kastration der Eber sind selbstverständlich. Und im Fall der Wiesenauer Minischweinchen heißt rechtzeitig: noch bevor sie das erste Mal rauschig werden. Sie sind zufriedener so, weil sie nicht wissen, was ihnen fehlt. Deshalb sind sie friedlicher, umgänglicher und glücklicher.

10 bis 12 Jahre werden die Tiere im Durchschnitt alt, und Krankheiten kennen sie so gut wie nie. Anfällig sind sie lediglich gegen Räudemilben.

Sind Hühner oder Tauben in der Nähe, muss entsprechend geimpft werden. Ivomex hat sich bewährt. Auch erkälten kann es sich mal wenn es in Zugluft gerät. Ich habe mit Krankheiten überhaupt noch nichts zu tun gehabt.

Wirklich krank fühlt sich so ein Wiesenauer Minischweinchen nur, wenn es mal einen Kater hat. Wie alle Genießer trinken auch sie gern mal einen Schluck Bier.

Und wenn sie sich dabei einen Schwips ansüffeln, können Sie ganz sicher sein: Den nächsten Tag haben Sie ein missmutiges und schlechtgelauntes Schwein im Haus.

Wenn Ihnen das bekannt vorkommen sollte, dann geben Sie bitte nicht den Schweinen die Schuld.

Nur der Mensch macht das Schwein zur Sau...

*Miss-Piggy-Wahl „Schönste Sau von Sachsen" * Görlitz 2000*

Der saumäßige Charakter

Charakter • Schweine wie du und ich •
Vertrauen • Wen Katzen mögen •
Keine Stinker • Besser als... • Schwätzer •
So werden Sie Rottenführer • Intelligent aber langsam •
Nachtragend • Urlaub geht immer • Machtspiele •

„Einem Kind darf man mit dem Stock drohen, einem Hund mit der Peitsche, einem Schwein jedoch darf man höchstens einen Strohhalm zeigen."
Tandi-Bedini

Schweine sind *nicht!* „so", sondern so oder so - wie Menschen. Man kann genauso gut oder weniger gut vom Charakter der Eltern auf den Charakter der Schweinekinder schließen. Man kann sie nicht in eine Schablone pressen.
Denn auch bei Schweinen gibt es „schwarze Schafe".
Schweine sind dem Menschen sehr ähnlich. Sowohl was ihre Organe betrifft - deshalb werden sie gern für Versuche genommen, einige Wissenschaftler sehen bereits Organspender in ihnen - als auch was ihren Charakter betrifft. Ihre Hauptbeschäftigung ist Fressen und Schlafen.

Lisa 2001 – das Wohnungsschwein – im Garten.

Sind sie noch jung, dann sind sie auch verspielt. Sie toben wann immer sie können in der Gegend umher. Und am schnellsten lernen sie das, was sie eigentlich nicht lernen sollen: Unfug!

An dieser Stelle sollte jeder, der sich gern ein Minischwein halten will, zuerst seinen eigenen Charakter unter die Lupe nehmen. Denn: Ein Schwein ist nichts für Menschen, die Wert auf bedingungslosen Gehorsam legen. Schweine sind eigensinnig, manchmal geradezu stur. Wenn sie nicht wollen, wollen sie nicht. Und dann kann man kaum etwas tun. Nur wenn es freiwillig ist wird das Minischwein begeistert bei der Sache sein.

Unbedingt notwendig dafür ist das Vertrauen zu seinem Menschen. Minischweinchen sind verschmust und neugierig. Ähnlich den Katzen entscheiden sie selbst wann sie gestreichelt werden wollen. Bevor sie sich berühren lassen möchten sie kurz den Geruch erschnuppern. Schweine können dreimal so gut wie Hunde riechen.

Und - sie riechen auch besser.

Kein Schwein hat Eigengeruch, da die Tiere nicht schwitzen. Selbst ihre Exkremente riechen weniger unangenehm als die einer Katze oder eines Hundes. Schweine hören auch sehr gut. Zum Ausgleich sind sie absolut kurzsichtig. Wenn man sehr ruhig dasteht und der Wind entgegengesetzt steht, laufen sie mitunter an einem vorbei...

... das ist dann keine Ignoranz.

Schweinchen lieben Streicheleinheiten, vor allem am Bauch. Dann räkeln sie sich, strecken ihr Bäuchlein (oder auch Bauch, je nach dem) dem Menschen entgegen und geben kurze verzückte Grunzer von sich. Seiner Familie wird es immer so dicht wie möglich auf die Pelle rücken. Das liegt in seiner Natur. Beieinander zu liegen bietet Schutz und Wärme - ein Naturbedürfnis nicht nur für Schweine. Wenn das Tier Zugang zur Schlafsteile hat, wird es sich anschmiegen. Auch ein Bett ist da kein Hindernis. Ob man das will, muss jeder für sich entscheiden.

Aber machen Sie sch auf etwas gefasst, wenn Sie es hochheben. Schweine wollen alles selbst erklettern. Sobald sie den Boden unter den Füßen verlieren, beginnen sie mörderisch zu quieken. Es sei denn, Sie gewöhnen es langsam daran. Vertrauen und Ruhe sind die richtige

Mischung. Doch selbst dann wird es auch nach Jahren noch einen unwilligen Grunzer von sich geben sobald Sie es hochheben.

Und natürlich braucht auch so ein Schweinchen seine Erziehung. Zeigt man sich konsequent, dann wird das Schweinchen schnell spüren, wo es lang geht. Gibt man nur einmal nach, hat es für immer eine schwache Stelle gefunden und nutzt sie gnadenlos aus. Alles, was man in der Jugend durchgehen lässt, bekommt man später nicht mehr raus.

Notfalls verträgt es auch mal ein lautes Wort oder einen Klaps. Das sollte allerdings beim Klaps bleiben. Wer es schlägt, dem vertraut so ein Schweinchen nicht mehr. Und das eine lange Zeit.

Minischweine sind nachtragend.

Die Wiesenauer machen es wie alle ihre Artgenossen - sie reden mit ihrer Rotte. Die Rotte, das sind Sie. Und wer sonst noch zur Familie zählt. Egal was das Schweinchen sagt, man wird verstehen, was es meint. Schweine haben ein großes Repertoire von Ausdrucksmöglichkeiten. Für alles eine andere Art zu Grunzen oder gar zu quieken. Dabei steht ein kurzes, immer wiederkehrendes tiefes Grunzen für die normale Verständigung mit seiner Rotte. Sie wedeln fast immer mit ihrem geraden Schwanz.

Schweinchen sind intelligent, denken aber langsam.

Sie verabscheuen Hektik. Manchmal kann man richtig zusehen, wie die kleinen Rädchen mahlen. Es dauert einen Moment, bevor das Schweinchen die Nachricht verarbeitet hat und entsprechend reagiert. Irgendwie zeitversetzt. Wird es hektisch, blockieren sie.

Dann geht nichts mehr.

Schweine sind selbständig.

Sie können es beruhigt mal allein lassen, auch mal drei Wochen in den Urlaub fahren, sofern jemand das Füttern übernimmt.

Schweine schlafen gern. Werden sie gestört, haben sie schlechte Laune. Haben sie schlechte Laune, murren sie vor sich hin und gehen schlafen.

Gemütlichkeit lieben sie. Und so geben sie sich auch - gemütlich. Dazu kommt ihr Sozialgefühl. Sie fügen sich sofort und bereitwillig in die Hierarchie ein, ertragen

Kindergetobe klaglos und sind friedfertig. Machtspiele probieren sie dagegen bei anderen Hausgenossen aus. Da testet so ein Schwein genau, wer ihm mehr zu sagen hat oder auch nicht.
Besonders Hunde sind hier beliebte Opfer, ein Schwein versucht fast immer, sich den Hund zu unterwerfen.
Ihre soziale Ader und ihre Art macht sie zum idealen Hausgenossen für ältere Menschen. Ein Hund ist für alte Leute oftmals zu stürmisch, kann den Menschen auch mal in der Freude umwerfen. Eine Katze hat die Angewohnheit, ständig zwischen den Beinen herumzustreichen, was einen älteren Menschen schnell stolpern lassen kann. Ein Schweinchen wird immer versuchen auszuweichen um nicht getreten zu werden. Und es antwortet immer. Tatsächlich. Mehrere meiner Tiere hören zum Beispiel sehr gut auf verschiedene Namen.
Das hervorstechendste Merkmal eines Schweins ist und bleibt aber der Hunger. Den hat es immer. Glauben Sie ihm nicht. Keinen Grunz! Schweine wollen nur eins - immer fressen.
Und wenn man ihnen etwas Gutes tun will, dann ignoriert man das. Andernfalls dürfte es nur kurze Zeit ein Hausgenosse bleiben.
Die Tiere leiden genauso an Herz- und Gefäßkrankheiten, Übergewicht und Kurzatmigkeit wie der homo sapiens.
Und sie sterben auch genauso daran.

Futter

Regeln einhalten • Alles Banane •
Niemals feste Zeiten •

*„Der Lebenskünstler und der Feinschmecker wissen, dass man ein Schwein
sein muss um Trüffeln zu finden" Marquis de Sade*

Wieviel ein Wiesenauer an Futter braucht kann man nicht
sagen. Das Schweinchen sollte man lieber nicht fragen.
Dessen Lieblingsfutter ist Viel. Die Menge richtet sich nach
dem ganz persönlichen Energiebedarf der Tiere. Es gibt
lebhaftere, es gibt solche, die fast nur schlafen. Auch die
Statur gibt schon Hinweise. Wer so gar keine Vorstellung
hat kann Minischweinfutter geben. Einmal am Tag gibt es
die angegebene Menge und man ist aus dem Schneider.
Ansonsten gilt die Faustregel: Zehn Prozent des Gewichts
des Schweinchen an gehaltvollem Futter, einmal am Tag
und das zu unregelmäßigen Zeiten, damit sich die innere
Uhr nicht stellen kann.
Das Was ist bei weitem nicht so schwer wie das Wieviel.
Gefressen wird alles außer das, was nicht gefressen wird
und das wird vielleicht später ja doch noch gefressen. Die
Speisenkarte reicht vom gesamten vegetarischen Angebot
über Fleisch bis zu Fisch. Alles was unter der Erde, über der
Erde oder am Baum wächst, es gibt nichts, was ein
Schweinchen nicht frisst. Auch Gewürztes mag es.
Allerdings ist Fleisch keine gute Idee. Darin lauert der
Erreger der Schweinepest. Zwar stört der den Menschen
kein bisschen, das Minischwein allerdings kann davon
schwer krank werden.
Also geben Sie ihm von Tomate über Gurke, Bananen,
Kartoffeln, Brot alles was Ihnen in den Sinn kommt. Auch
Futter, in dem Gerste, Hafer oder Mais enthalten sind, bietet
sich an. Mit Käse und Milch fühlt sich das Tier wie im
Schlaraffenland. Dazu immer einen Napf mit frischem
Wasser. Und sollte es tagsüber auf einer Wiese weiden
können reicht ihm dieses Futter für gewöhnlich aus. Nun,
zumindest für seine gesunde Entwicklung. Was die Gier
betrifft bleibt es dabei - die ist nie zu stillen.

Wenn man dem Tier den ganzen Tag Futter gibt wird man an irgendeinem Punkt nachher mit dem Schwein nicht mehr glücklich sein, weil es dermaßen aufdringlich wird, dass es kein schönes Verhältnis mehr ist. Man hat das Schwein regelrecht versaut.

Die rechtliche Situation

„Wer in diesem Land kein Schwein ist, wird von den Behörden zur Sau gemacht." Volksmund

Als Schweinehalter müssen sie Mitglied der Tierseuchenkasse werden. Da stehen Sie mit jedem Landwirt auf einer Stufe.
Natürlich sollten Sie auch eine Tierhalter-Versicherung abschließen - wie das auch jeder vorsichtige Hundebesitzer macht.

Schweine sind verspielt und gesellig

Das Haus- und Wohnungsschwein

Haus-, Wohnungs-, Gartenschwein • Luft •
Auf der grünen Wiese • Zaun? •
Sonnenbrand • Sandbad • Katzenklo •
Schweine an der Leine •

*„Die Aufgabe, die anderen zu unterweisen
und zu organisieren, fiel naturgemäß den
Schweinen zu, die allgemein als die
schlauesten Tiere anerkannt wurden."*
George Orwell

Vorab sei noch einmal wiederholt:
Wenn Sie einen Hausgenossen
suchen, den Sie herumkommandieren wollen, dann sollten
Sie sich nach einem Hund umsehen – und: Schweinehunde
gibt es unter den Tieren *noch* nicht.

Wiesenauer vertragen sich mit anderen Hausgenossen

Schweine sind zu intelligent, um sich etwas befehlen zu lassen. Wenn Sie schon Erfahrungen mit Katzen gemacht und die sich in Ihrer Gesellschaft wohlgefühlt haben, dann bringen Sie die besten Voraussetzungen zum Rottenführer mit.
Sie können Ihr Schwein in der Wohnung und im Garten halten, sie können es nur im Garten bzw. im Stall halten. Aber Sie sollten es nie *nur* in der Wohnung halten. Das wäre Tierquälerei.
Wer ein Minischwein als Hausgenossen wählt, der sollte zumindest die Möglichkeit haben mit ihm spazieren zu gehen. Es benötigt nicht so viel Auslauf wie ein Hund, aber raus will und muss es doch hin und wieder.
Wenn Sie in einem Hochhaus inmitten einer Großstadt wohnen ohne etwas Grün - lassen Sie es. Tun Sie es weder Ihrem Schwein noch sich selbst an. Es wäre ein sehr trauriges Leben für Sie beide.

Schweine brauchen frische Luft, Sonne und eine Wiese. Keinen Rasen! Der hat Ihrem Schwein nichts zu bieten. Keine Kräuter, keine Blüten, keine schmackhaften Wurzeln und keinen Spaß. Ja, auch Wurzeln. Legen Sie Wert auf ihren gepflegten Rasen können Sie sich schon mal verabschieden. Entweder von diesem oder von der Idee, selbst ein Minischwein halten zu wollen. Ihr Schwein will weiden. Da wird dort geknabbert und da gekostet, jenes ausprobiert und natürlich auch mal gewühlt.

Einen Zaun müssen Sie nicht anbringen.
Schlecht ist er aber auch nicht. Weniger, weil Ihr Schwein ausbüxen könnte – das wird es nicht tun. Es bleibt bei seiner Rotte, immer im Abstand von wenigen Metern.
Vielmehr um Hunde der Nachbarn davon abzuhalten, Ihr Schwein als willkommene Beute zu betrachten.

Sie haben eine Wiese, sie haben möglicherweise einen Zaun, was Sie jetzt noch brauchen ist eine Unterkunft für Ihr Schweinchen. Denn eins sollten Sie nicht vergessen: Schweine können nicht schwitzen. In der Sonne überhitzen sie schnell und sie können sich einen Sonnenbrand holen. Vor allem die rosa Vertreter.

24

Schweine vertragen Kälte grundsätzlich besser als Hitze. Und Schatten immer besser als Sonne. Ein idealer Platz wäre also nahe einer Mauer, bei der es ohnehin schattig ist. Dazu eine kleine Hütte in die sich Ihr Schweinchen zurückziehen kann falls es einmal etwas Ruhe haben will. In die Hütte kommt etwas Stroh und schon ist es rundum zufrieden.

Wahre Schweinefreunde sorgen außerdem dafür, dass ihre Tiere die Möglichkeit haben sich auch mal zu suhlen. Dazu genügt ein Fleckchen mit etwas feuchtem Sand oder auch Erde. Darin baden sie gern, kühlen sich ab und betreiben zugleich Körperpflege. Wobei viele Wiesenauer eher dazu neigen, an Pfützen und ähnlichem vorbeizuschreiten statt sich darin zu wälzen.

Und dann braucht so ein Schweinchen natürlich seinen Platz in der Wohnung. Das heißt, eigentlich brauchen Sie das, vorausgesetzt Sie wollen Ihr Schweinchen in der Wohnung haben. Grundsätzlich nötig ist das nämlich nicht. Schweine vertragen auch Minusgrade sehr gut, sofern sie etwas zum Einkuscheln haben und ihre Hütte nicht zugig ist.

Wer allerdings mit seinem Schwein zusammen fernsehen will, sollte noch einiges mehr vorbereiten. Zuerst einmal eine Kuschelecke. Das kann eine Kiste, ein Körbchen oder auch nur eine Decke sein.

Dann ein eigenes Klo. Dazu bietet sich eine Katzentoilette an, in die das Schweinchen geht, wenn es etwas zu erledigen hat.

Und natürlich einen eigenen Futternapf. Wenn Sie andere Tiere im Haushalt haben lassen Sie keine gefüllten Näpfe herumstehen. Ihr Schweinchen stürzt sich sonst glücklich darauf und mampft alles allein weg.

Unsere Lisa beispielsweise startet jeden Tag erst einmal ihren Rundgang um zu schauen wo es etwas zu holen gibt. Sie geht vom Katzennapf zu den Taubenfutterstellen, danach bei den Hunden entlang. Überall wo Äpfel runterfallen, der Kirschbaum steht oder sonst was - alle Futterstellen sind sofort gespeichert. Einmal aufgesucht bleiben sie im Gedächtnis.

Und da bleiben sie auch lange drin. Selbst wenn da schon lange Zeit kein Futter mehr ist, werden die Plätze immer wieder abgesucht.

Das mit der Toilette ist übrigens auch nicht schwer. Schweine lieben keinen Dreck. Ihre Toilette ist immer gegenüber der Fressecke, so weit entfernt wie möglich. Das

26

gilt auch für den Garten. Auch dort wird es eine eigene Ecke haben und sonst nirgends hinmachen. Das heißt - die Hütte oder der Stall bleiben sauber. Wenn Sie die Toilette an einer bestimmten Stelle haben wollen brauchen Sie nur am Anfang etwas Kot hinzulegen. Ihr Schwein merkt sich die Stelle. Genauso gehen Sie beim Katzenklo vor.

Wenn das Schwein noch jung ist und in eine ungewohnte Umgebung kommt sollten sie anfangs lediglich daran denken, ihm nicht zuviel Raum auf einmal anzubieten. Das verwirrt Ihr Ferkel und dann kommt es schnell zu Pannen. Fangen Sie mit einer kleinen Fläche an und geben Sie nach und nach mehr Raum zu, bis es sich seine Umgebung komplett erobert hat. Zum Beispiel könnten Sie eine Art Laufgitter aufstellen in das Sie Kuschelecke und - auf die andere Seite - Toilette stellen. Oder Sie geben ihm erst einmal das Bad als Territorium.

Eine Möglichkeit ist auch eine große Meerschweinbox. Darin richtet man dem Tier eine Schlaf-, eine Fress- und eine Toilettenecke ein. Nach etwa drei Tagen merkt man dann schon die ersten Sympathien wenn man es am Bauch krault. Es schmeißt sich hin, es hebt das Füßchen, lässt sich gerne krabbeln.

An diesem Punkt stellt man eine Schlafecke neben die Box, so dass das Tier die bisherige Kiste als Toilette nutzen kann. Funktioniert das nicht, geht man wieder auf kleineren Raum zurück und fängt noch mal an. Spätestens nach einer Woche kann man das Tier frei herumlaufen lassen.

Schweine sind zuverlässig:

Sie werden immer im Rufbereich bleiben, gehen niemals aus dem Hörbereich raus.

Übrigens:

Stufen steigen Schweinchen nicht so gern. Aufgrund ihrer Physis macht sie das unsicher und sie kommen die Treppe kaum hoch. Vor allem, wenn diese glatt ist. Sollten Sie es dennoch versuchen, lenken Sie es nicht ab dabei. Und sorgen Sie für einen trittfesten Untergrund.

Sonst laufen sie allerdings gern, hoppeln und hüpfen, vor allem wenn sie jung sind.

Sie können mit Ihrem Schweinchen spazieren gehen, es wird Ihnen treu folgen. Es lässt sie nicht weiter weg als ein paar Meter. Sie sind der Rottenführer und es will den Anschluss nicht verlieren.

Allerdings sollten Sie nicht immer wieder auf das Tier warten, sondern immer weiter gehen. Wenn man anfängt zu warten geht irgendwann das Schwein mit einem spazieren.

Machen Sie das ein paar mal und Ihr Schweinchen bestimmt, wie lange Sie unterwegs sind und wo Sie hingehen.

Sie werden keine Chance mehr haben, sich durchzusetzen.

Eine Leine brauchen Sie nicht.

Wenn Sie es an der Leine führen wollen ist das allerdings möglich. Nur gewöhnen Sie es frühzeitig an Halsband oder Geschirr. Schweine mögen das genauso wenig von Natur aus wie Katzen.

Nehmen Sie es am besten wenn Sie mit Ihm vor dem Fernseher sitzen und legen Sie es ihm vorsichtig an. Üben Sie das, wann immer Sie Gelegenheit haben. Dann wird sich Ihr Schweinchen auch eine Leine gefallen lassen.

Kaufen - aber wie?

Schwein haben • Zum Züchter •
Lieb und teuer • Ohrmarke •
Eber oder Sau • Kastration •
Eber sind frecher •

„Schön und Schwein sind nahverwandt und Schönes braucht Schwein."
William Butler Yeats

Wenn Sie sich *jetzt* für ein Minischwein als Hausgenossen entscheiden, dann sollten Sie sich unbedingt die Zeit nehmen, einen Züchter aufzusuchen.
Die meisten sind sehr umgänglich und bestehen sogar darauf, die Käufer vorher kennen zu lernen.
Noch sind viele Minischweine-Züchter Liebhaber, die nicht nur aus reinen Profitgründen ihre Zucht betreiben. Da es sich bei dem Minischwein nicht um irgendein genormtes Spielzeug, sondern ein sehr individuelles Lebewesen handelt, ist unbedingt der persönliche Kontakt bei der Auswahl anzuraten.
Ein Züchter, der, anders als ein Händler, nicht unter einem Verkaufsdruck steht, wird Ihnen kein Tier verkaufen, das in seinem Wesen nicht mit Ihnen harmoniert.
Grundsätzlich sollten Sie bei einem Züchter kaufen, dessen Schweinezucht Sie schon mal besichtigt haben. Ist es sauber, wie werden die Tiere gehalten, sehen sie gesund aus? Im Alter von etwa vier Wochen können Sie sie mitnehmen, zu diesem Zeitpunkt sollten sie nicht schwerer als ein Kilo sein, damit sie keine bösen Überraschungen erleben.
Wenn Sie sich ein Schweinchen aussuchen, schauen Sie sich auch die Eltern des Tieres an. So groß oder klein wie die werden in etwa auch die Sprösslinge.
Nächste und wichtigste Frage: Stammt das Tier aus einer angemeldeten Zucht und trägt es eine Ohrmarke?
Und letztlich das wichtigste - suchen Sie eines heraus, das Sie einfach mögen. Das ihnen sympathisch ist. Dann kann eigentlich kaum etwas schief gehen

So ein Minischwein kostet unterschiedlich viel. Zwischen 200 und 2.000 Euro ist alles möglich und normal. Als ich die ersten aus meiner Zucht verkauft habe, weil ich Platz für neue Zuchtlinien brauchte, habe ich mich ganz schön in die Nesseln gesetzt. Damals gab ich die Wiesenauer für 80 Mark pro Stück ab - und erntete wütende Proteste seitens anderer Züchter, denen ich das Geschäft verdarb.
Das Gute daran: Bis dahin wusste ich noch gar nicht, dass es auch andere Minischweine gibt. Ich glaubte, das sei meine Erfindung. Auf diese Art kam ich in Kontakt zu anderen Züchtern, immerhin.

Eber oder Sau?
Es gibt Unterschiede zwischen den Geschlechtern, auch bei Schweinen. Es kommt dabei eigentlich nur darauf an, was der künftige Schweinebesitzer bevorzugt. Möchten Sie einen Jungen oder ein Mädchen? Eigentlich ist das nämlich egal, im Großen und Ganzen sind die Unterschiede geringfügig.
Ich persönlich neige mehr zu den weiblichen Tieren. Sie sind in ihrer Art unkomplizierter. Jeder Eber will sich stärker durchsetzen. Schon allein deshalb, weil es mit einem Konkurrenten um die Gunst des Weibchens buhlen muss, somit von Natur aus etwas aggressiver veranlagt ist. Tierisch eben - es geht um Kraft. Beim Menschen ist es ja oft eher die dicke Brieftasche, die für Potenz steht.

Weibchen sind einfühlsamer, passen gerade gut in eine Familie mit Kindern und anderen Haustieren. Aber – so ein

Weibchen ist auch sturer. Es braucht einen besseren Instinkt als ein männliches Tier. Allein weil es sich um das nächste Leben kümmern muss braucht es eine gewisse Vorausschau, mehr Eigensinn.

Der große Nachteil bei Weibchen liegt in ihrer besonderen Verfressenheit. Nur eine Sau, die genügend Fett ansetzt, wird trächtig und kann ferkeln. Jede Sau hat das tief in ihrem eigenen Unterbewusstsein eincodiert - besonders viel fressen, um Junge bekommen zu können. Um etwas zum Zusetzen zu haben. Im Schnitt werden sie somit ein paar Kilo schwerer und ein paar Zentimeter größer als die Männchen.

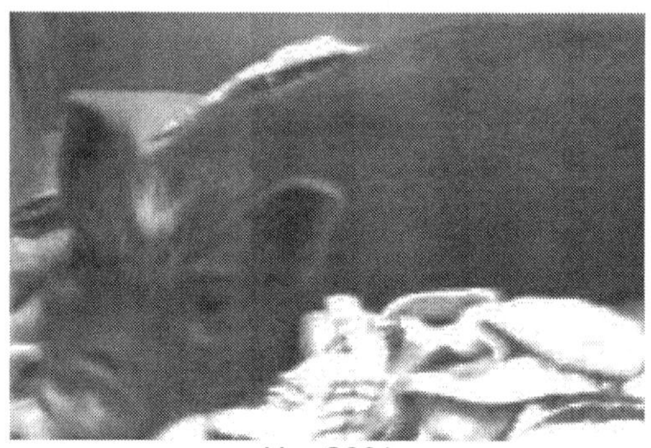

Lisa 2001

Eber sind frecher...

Eber bekommen nach zwei bis drei Jahren Keilerzähne, manchmal eine große Rückenborste. Sie haben auch mehr Revierverhalten. Sie können ihren Hof, ihren Stall oder ihre Umgebung verteidigen. Vor allem gegen andere Tiere.

Unkastrierte Eber sind da natürlich besonders auffällig. Ich habe schon Eber gesehen, die Frauen verfolgt haben und an ihnen hochgegangen sind wie Hunde, so aufdringlich, dass man sie wegsperren musste.

Aber auch kastrierte männliche Tiere - sofern sie etwas später unters Messer gekommen sind - zeigen diese Ansätze. Am besten ist die Kastration im Alter von 3 bis 4 Wochen, weil der Geschlechtstrieb gekappt wird bevor er sich entwickeln kann.

Kastration bei einer Sau ist wesentlich schwieriger. Sie müsste sterilisiert werden, eine umfangreiche Operation. Und das ist nicht nötig. Schweine werden nie so rollig wie Katzen. Je nach Sexualtrieb allerdings können sie gnatzig und mürrisch werden. Wenn sie nicht bekommen, was sie wollen werden sie stinkig. Bei der Mehrheit der Tiere merkt man allerdings nichts.
Kurz und gut - wer in der Lage ist, sein Tier nicht zu überfüttern, der sollte sich ein Weibchen anschaffen. Jemand, der ein bisschen was Freches will, der Tiere auch gut in ihre Schranken weisen kann, sollte sich zu einem Männchen entschließen.

Selber züchten?

„Ein starkes, freches mutiges, zorniges und wütendes Tier ist das wilde Schwein, bleibt allezeit wild und kann nicht zahm gemacht werden."
Konrad Gesner

Die Ambitionen eine eigene Zucht zu begründen wachsen mit dem Kontakt zu den Minischweinen. Wer gewisse Standards berücksichtigt, genügend Geduld und Liebe mitbringt, der kann sich sicher erfolgreich betätigen.
Vorausgesetzt, sein erstes Ziel ist die Zucht und nicht der Verkauf. Wer sich in finanzielle Abenteuer stürzt wird Gefahr laufen, die natürlichen Rückschläge nicht verdauen zu können. Eine stabile Zucht ist nur mit einem entsprechenden Qualitätsanspruch durchzusetzen, der nicht aus wirtschaftlichen Zwängen verwässert werden darf.
Aus meinem eigenen Ehrgeiz heraus meine Wiesenauer nicht überall als Zuchtform in Deutschland entstehen zu lassen - es ist meine eigene Zucht und mein eigener Stolz, dass ich die Tiere dahin gebracht habe - kastriere ich grundsätzlich die Männchen. Ich gebe auch nicht komplette Pärchen ab. Wenn dann gezüchtet wird, sind es Kreuzungen, aber keine Original-Wiesenauer.

Die ersten Jahre habe ich die Eber noch unkastriert abgegeben. Inzwischen habe ich einen guten Tierarzt der sich darum kümmert. Grundsätzlich unter Narkose und die Hoden kommen komplett heraus.

Wenn ich doch einmal einen Zuchteber herausgebe, dann kostet der entsprechend mehr.

Krankes Minischwein

Temperatur • Herzfrequenz •
Lustlos • Hausapotheke •
Ab zum Tierarzt •

„Nur Dummköpfe werden niemals krank." Chinesisches Sprichwort

Ein ausgewachsenes gesundes Schweinchen hat eine Körpertemperatur zwischen 38,5 und 39,5 Grad Celsius. Ferkel sind etwas heißer mit bis zu 40,5 Grad. Das Herz schlägt wie beim Menschen 60 bis 80mal in der Minute, beim Nachwuchs sind es auch schon mal 200.

Im Alter von vier bis acht Monaten sind die Schweinchen geschlechtsreif. Die Wiesenauer tragen genau 111 Tage bis sie werfen. Sie müssen Ihr Schweinchen nicht impfen, außer Sie wohnen in der Nähe zu einem Wald. Dann ist es ratsam, das Tier gegen Tollwut zu schützen. Ansonsten reicht es, das Schweinchen zweimal im Jahr entwurmen zu lassen.
Sollte es doch einmal krank werden, gibt es ein paar untrügliche Anzeichen dafür.

Ein plötzlich lustloses und lethargisches Schwein beispielsweise sollte Sie zwar nicht in Panik versetzen aber Ihnen doch schon mal die ersten Sorgenfalten auf die Stirn treiben. Zittert es sogar oder frisst es nicht mehr ist das ein eindeutiges Alarmzeichen.

Ganz klar ist die Sache natürlich wenn die Augen verklebt sind, der Rüssel läuft, das Schwein speichelt, sich die Haut verändert zeigt oder das Schweinchen Durchfall bekommt. Ab zum Tierarzt.

Krank werden kann Ihr Schweinchen schon wegen scheinbarer Kleinigkeiten. Fauliges oder schimmliges Futter, Süßigkeiten, zuviel oder zuwenig Futter, Zugluft. Manchmal sind auch Zecken, Würmer, Pilze, Viren oder Bakterien die Ursache.

Dementsprechend braucht auch so ein Minischwein eine kleine Hausapotheke.

Was da hineingehört:

Etwas zum Desinfizieren

Eine Zeckenzange und Mittel gegen Hautparasiten

Ein Fieberthermometer

Beste Medizin: Liebe, Fürsorge und Streicheleinheiten

Mehr Schweinereien

Chinese • Glückssymbol • Legende •
Riesen und Zwerge • Nero und Kirke •
Schweinegott • Sündenbock •

„Uns ist gar kannibalisch wohl, als wie fünfhundert Säuen" Goethe

Das Schwein, wie wir es heute kennen, ist eigentlich in seinem Ursprung ein Asiate. Jedenfalls wurde es mit größter Wahrscheinlichkeit aus China ins Abendland gebracht. Dort hielten es die Menschen bereits sehr früh als Hausschwein.
Der Legende zufolge soll der chinesische Kaiser Fo Hi befohlen haben, zahme Schweine zu züchten. Das war vor etwa 5.500 Jahren.
Die ersten Spuren von Schweinen fand man allerdings im Irak, damals Mesopotamien. In Babylon waren Schweine vor allem wegen ihres ewigen Hungers beliebt. Sie durften frei auf der Straße herumlaufen, wo sie sich an dem Abfall gütlich taten. Ein Glückssymbol der besonderen Art.

Allerdings werden sie bereits damals nichts gefressen haben, was ihnen wirklich Schaden zufügen könnte. Schweine sind trotz ihres Hungers wählerisch. Das beste Beispiel dafür ist ein Vorfall im Sommer 2001. In mehreren brandenburgischen Mastanlagen hatten die Tiere das Futter schlichtweg verweigert. Eine Untersuchung ergab, dass der niederländische Lieferant das Futter mit Öl verschmutzt hatte.

Zur Eiszeit soll es bereits Riesenschweine gegeben haben, deren Nachfahren sind mit ziemlicher Sicherheit die heutigen Warzenschweine oder das Riesen-Waldschwein in Afrika, das es auf 295 Kilogramm schafft.

Dagegen kommt das Zwergwildschwein aus dem Himalaya gerade mal auf 10 Kilogramm.

Die Ägypter nutzten Schweine, um von ihnen die frische Saat einstampfen zu lassen.

Richtig eingehend kümmerten sich die Römer um das Schwein. Die Frage, die dann später auch in unseren Breitengraden die alles beherrschende war: Wie kann man möglichst viel Schwein haben? Natürlich als Nahrungsmittel. Kaiser Nero soll sein eigenes Hausschwein in seinem Testament bedacht haben. Angeblich verfügte er, dass bei seinem Tod der Körper zu salzen und zu verteilen sei. Geschichten gibt es viele von Schweinen. Die alten Römer widmeten ihren Schweinen sogar liebevolle Grabsteine.

Geradezu heldenhaft sollen die Schweine gegen Elefanten angetreten sein, die sie mit ihrem lauten Quieken in die Flucht schlugen.

Oder man denke beispielsweise an Odysseus. Der hatte ja bekanntlich seine liebe Not mit der beleidigten Kirke, die seine Kameraden in Schweine verwandelte.

Auch die Kelten hatten am liebsten Schwein. Da die Tiere sehr wild und gefährlich waren standen sie für Fruchtbarkeit, Kraft und Mut. Wer eins erlegte, konnte sicher sein, dass ihn niemand dumm anmachte, es sei denn er legte es auf einen harten Zweikampf an.

Die Kelten hatten einen Schweinegott namens Moccus. Und als das Christentum die Welt eroberte vermischte es sich mit dem germanischen Glauben. Die Skandinavier mauerten in ihre Kirchen ein Schwein ein um sich gegen böse Geister zu schützen.

Schlechte Zeiten kamen für die Schweine mit Beginn des 18. Jahrhunderts. Keiner konnte die Tiere mehr leiden. Sie galten als dreckig und unsympathisch. Maulkörbe und Drähte im Rüssel waren an der Tagesordnung. Und wenn irgendetwas schief ging war garantiert ein Schwein daran schuld. Das Schwein wurde zum Sündenbock.

Ab dem 19. Jahrhundert wurden Schweine vor allem als Nahrungsquelle gesehen. Zucht und Veredlung liefen an, die Industrialisierung forderte viel Fett und Eiweiß, die Mast kam auf. Noch heute ist das oberste Priorität, wobei sich die Zucht mehr auf nicht ganz so speckige Tiere richtet. Erst allmählich gibt es Anzeichen eines Umdenkens. Viele Krankheiten und Futterskandale zwingen dazu, die Großmastanlagen zu überdenken.

Wiesenau: Aufzucht ohne Speck und Stress

Schweine im Gespräch

„Aber den Säuen gleich werden ist keine Schand, fürnehmlich was den Magen anbetrifft: Derweil doch die Menschen und Säue, soviel den innern Leib betrifft, einander ähnlich sind." Johann Fischart

Schweine lassen niemand kalt.
Irgendwie dreht sich fast alles um sie. Sei es in der Literatur, der Musik oder im Sprachgebrauch. Wer hat nicht schon einmal Perle vor die Säue geworfen, richtig Schwein gehabt, saumäßig ausgesehen oder schweinische Witze erzählt.
Das Märchen von den Drei Schweinchen kennt wohl jeder, die Geschichte von Odysseus und Kirke wird im Unterricht gelehrt, und mindestens einmal in der Woche steht bei den meisten Schweinefleisch auf dem Tisch.

Selbst in Liedern sind sie besungen worden, wenn auch nicht besonders liebevoll. So haben Die Prinzen festgestellt, dass man ein Schwein sein muss in dieser Welt. Nicht mit jedem möchte man Schweine gehütet haben und Wilhelm Busch hat über das Schwein gedichtet: „Der kluge Mann verehrt das Schwein, doch er denkt an dessen Zweck, von außen ist es ja nicht fein, doch drinnen sitzt der Speck." Und dann gibt es noch diesen Spruch vom Geizhals und dem Schwein, die beide erst etwas nützen, wenn sie tot sind.

Einer der schönsten Filme unserer Zeit handelt von einem Schwein: Babe hat Millionen Menschenherzen erobert, als es seinen Farmer zum Sieg im Wetthüten verhalf. Und es soll einige gegeben haben, die daraufhin zum Vegetarier wurden.

Kaum ein anderes Tier taucht derart häufig in unserem Leben auf wie das Schwein. Und sei es nur als nicht besonders geliebtes Exemplar auf zwei Beinen. In einigen Ländern ist es nach wie vor verpönt und kein echter Moslem würde ein Schwein essen. Dort gelten sie noch immer als unrein.

Bei uns bringen sie vor allem Glück. Das Symbol für Glück im Abendland ist nach wie vor ein rosa Wesen mit Rüssel, Ringelschwanz und grunzender Aussprache - pikanterweise auch für alle, die im gleichen Atemzug jemand als Schwein oder Ferkel beschimpfen. Ein wirklich klarer Unterschied zwischen Mensch und Schwein - letzteres ist nicht schizophren veranlagt.

Frauen können übrigens besonders gut mit Schweinen umgehen. Es gibt keinen wissenschaftlichen Beweis dafür, aber Frauen werden besonders gern für die Ferkelaufzucht eingesetzt. Sie haben einen natürlichen Instinkt, der ihnen Erfolg garantiert. In Kanada werden deshalb am liebsten Frauen für die Aufzucht eingestellt, nur zehn Prozent der Schweinehüter sind Männer. Die Erfahrung hat gezeigt, dass die Tiere kräftiger und gesünder sind, wenn sich Frauen um sie kümmern. Dagegen sollen Männer ein glücklicheres Händchen bei Mastschweinen haben.

Das Schwein als Tierkreiszeichen

China wieder • Horror: King ist ein Schwein •
Buddha ist schuld • Hoffnungslos ehrlich •
Ambivalente Schweine • Das sind Schweine •

„Ich bin ein Schwein; und dabei bin ich doch nicht unglücklich!" Ludwig Wittgenstein

In China waren und sind Schweine einfach beliebt. So braucht man sich auch nicht zu wundern, dass das Schwein auch als Tierkreiszeichen vorkommt. Die sind dort nicht wie bei uns von der Sonne sondern vom Mond beeinflusst. Der Zyklus dauert 12 Jahre statt 12 Monate.

Buddha hat das bereits so entschieden. Er rief vor etwa 2500 Jahren nach der Schöpfung alle Tiere zusammen um sich mit ihnen über Astrologie zu unterhalten. Was sollte er auch sonst tun, das Leben eines Gottes kann recht langweilig sein. Nun wurde er von den meisten Tieren auch noch bitter enttäuscht - sie drückten sich vor dem Termin. Nur zwölf besaßen genügend Anstand, ihrem Schöpfer Gesellschaft zu leisten. Darüber freute sich Buddha wiederum so sehr, dass er jedem Tier sein eigenes Jahr schenkte. Während dieser Zeit konnte das entsprechende Tier auf die Ereignisse des Jahres Einfluss nehmen.
Die Vereinbarung gilt noch heute und das bis ans Ende der Welt. Das erste Jahr erhielt die Ratte, weil sie die erste gewesen war. Es folgten Büffel, Tiger, Hase, Drachen,

Schlange, Pferd, Ziege, Affe, Hahn, Hund und das etwas langsame Schwein.

Schweine bekommen auch in der chinesischen Astrologie jede Menge guter Eigenschaften zugesprochen. Sie gelten als galant, gutmütig, hilfsbereit. Ein Schwein ist zuverlässig, wird niemals jemand verraten oder täuschen. Ein bisschen naiv und schutzbedürftig ist es, lässt sich auch mal über den Tisch ziehen, kann aber über sich selbst lachen.
Das Schwein ist hoffnungslos ehrlich, Unaufrichtigkeit steht es hilflos gegenüber. Dazu ein guter und fröhlicher Kamerad. Eine Lüge kommt so gut wie nie in Frage, nur im äußersten Notfall und zum Selbstschutz. Es ist intelligent und kein Stück boshaft.
Aber man sollte kein Schwein unterschätzen - in seinem Innern verbirgt es große Willenskraft, oft Autorität. Von einer Aufgabe ist es nicht mehr abzubringen, stur verfolgt es seine Ziele. Schweine haben nur wenige Freunde, die aber dafür ein ganzes Leben lang.

Schweine lesen alles, was sie kriegen können, ihr Wissensdurst ist unersättlich. In Gesellschaft ist das Schwein ein fröhlicher Kamerad, oft sogar ein kleiner Wüstling. Sein Wissensdurst ist groß und es liest alles, was ihm in die Finger kommt. Es scheint sehr gebildet, aber diese Bildung ist im Grunde genommen nur oberflächlich. Hinter dem sanften Aussehen des Schweins verbergen sich Willenskraft und oft sogar Autorität. Was immer sein Ehrgeiz und seine Aufgaben sind, es tut seine Pflicht mit einer ungeheuren inneren Kraft. Wenn ein Schwein einmal eine Entscheidung getroffen hat, ist es durch nichts mehr davon abzubringen. Das Schwein hat nur wenige Freunde, aber die hat es fürs ganze Leben.
Schweine sind gewissenhaft und fleißig, für jeden Beruf geeignet und aufgrund ihrer Empfindsamkeit auch auf künstlerischem Gebiet sehr erfolgreich. Ein Schwein findet immer, was es braucht, ohne sich sonderlich dafür anstrengen zu müssen.

Schweine lieben den Luxus und den Spaß, gehen oft sehr großzügig mit ihrem Geld um und gelten in Gesellschaft als exquisite Alleinunterhalter. Allerdings ziehen sie eine gemütliche Grillparty einer großen Feier allemal vor. Mit zunehmendem Alter müssen sie mehr auf ihr Gewicht achten, dann setzen sie schnell an.

Beim anderen Geschlecht sind sie sehr beliebt, wobei sie viele Affären haben bevor sie sich endgültig für einen Partner entscheiden. Dann allerdings sind sie treu und fürsorglich.

Der ideale Partner für das Schwein ist übrigens der Hase. Da gibt's kaum Streit und keine langen Diskussionen. Auch sehr gut passt es zusammen mit der Ziege, dem Hasen, dem Tiger sowie einem anderen Schwein. Eine Schlange sollte das Schwein meiden - mit deren Raffinesse kommt es überhaupt nicht klar.

Testen Sie, ob Sie ein Schwein sind

Auch unser Herausgeber, Christopher Ray ist ein echtes Schwein.

Ein sehr bekanntes *Literaturschwein* ist der Bestsellerautor Stephen King; dessen Bild finden Sie am Beginn dieses Kapitels.

Hier finden Sie die Geburtsjahre der Schweine:

30. Januar	1911	bis 17. Februar	1912
16. Februar	1923	bis 04. Februar	1924
04. Februar	1935	bis 23. Januar	1936
22. Januar	1947	bis 09. Februar	1948
08. Februar	1959	bis 27. Januar	1960
27. Januar	1971	bis 14. Februar	1972
13. Februar	1983	bis 01. Februar	1984
31. Januar	1995	bis 18. Februar	1996
18. Februar	2007	bis 06. Februar	2008
05. Februar	2019	bis 24. Januar	2020

Arten – Vielfalt

Mehr Schwein • Warzenschwein •
Kein Schwein • Maskenschwein •
Eigenartige • Die Minischweine •

„Ich finde Schweine im allgemeinen sympathisch und halte sie für die intelligentesten Tiere..." W.B. Hudson

Ist Ihnen eigentlich klar, wie viele verschiedene Verwandte Ihr Schweinchen hat? Es gibt unzählige Arten, das Meerschweinchen gehört allerdings nicht dazu.
In Westafrika leben die Pinselschweine. Sie sind kleiner als unsere Wildschweine und braunrot, mit schwarzen Ohren und Beinen. Ohrsaum, Ohrpinsel, das obere Gesicht und die Rückenstreifen sind weiß. Man nennt sie auch Flussschwein, da sie in den Tropenwäldern und an Flüssen leben.

Das afrikanische Warzenschwein lebt in Savannen, ist bis 1,35 Meter lang und hat jede Menge Warzen im Gesicht. Abschreckend wirken vor allem die kräftigen Hauer.
Außerdem gibt es Waldschweine im Urwald des Kongo, Buschschweine, die eine richtige Mähne vorweisen können, Bartschweine, die nach einem weißen Wangenbart benannt wurden und auf Malakka, Sumatra und Borneo vorkommen.
Der Hirscheber heißt übrigens auch so wenn er eine Sau ist. Und das Pustelschwein klingt schlimmer als es aussieht. Es hat ausgeprägte Gesichtswarzen.
Dann wären da noch die Pekaris - sie leben in Amerika, im Südwesten der USA bis Nordargentinien. Sie haben lange zierliche Beine und fressen besonders gern Kakteen. Dazu kommen dann noch Wildschweine, Hausschweine und Hängebauchschweine.

Stachelschweine und Wasserschweine heißen nur so, haben mit den Schweinen aber gar nichts zu tun. Das Wasserschwein ist das größte Nagetier der Welt. Es wird bis zu 1,30 Meter lang und hat Schwimmhäute zwischen den Zehen.

Das Hängebauch-Schwein wird auch als das typische chinesische Schwein bezeichnet. Es hat ein gestauchtes, sehr faltiges Gesicht, eine durchhängende Rückenlinie und kaum Fell. Die Maskenschweine stammen vom asiatischen Bindeschwein, einer Unterart des europäischen Wildschweins ab.

Schwein sein kann fein sein

Bei den Minischweinen gibt es natürlich nicht nur Wiesenauer - bekannte Rassen sind auch das Göttinger Minischwein, die Münchner Miniaturschweine, der Bergsträsser Knirps und die Kune-Kune. Die Kune-Kune sind nicht ganz so klein, dafür sehen sie interessant aus. Sie haben Pinselohren und sind gescheckt.

Unser Hausschwein, wie wir es heute kennen, stammt vom Wildschwein (Sus scrofa) ab. Im Gegensatz zu diesem hat es allerdings vier Rippen mehr - im Laufe der Jahrhunderte angezüchtet. Weltweit sind heute circa 900 Rassen bekannt. Ihr Zweck: Futter für den Menschen. Entsprechend werden sie gehalten, nämlich gleich massenhaft. Geschlachtet werden die Mastschweine nach 19 Wochen Mast.

Geschecktes Wiesenauer

Das Ziel - viel Fleisch, schnell Fleisch, unkompliziertes Schwein - hat viele Rassen aussterben lassen. 1968 waren 95 Prozent aller Schweine von der Rasse des Deutschen veredelten Landschweins. Die Schwäbisch-Halleschen Schweine, die Angler Sattlerschweine und die Bunten Bentheimer galten bereits in den 70er Jahren als ausgestorben. Erst in den 80ern wurden die wenigen Überlebenden wiederentdeckt und im letzten Moment ihr tatsächliches Ende verhindert.
Andere sind unwiederbringlich verschwunden.
Die Schwerfurter Fleischrasse beispielsweise wurde 1993 ein letztes Mal erwähnt, mit einem Bestand von 2,3 Prozent in Ostdeutschland. *Aber was hat hier seit der Wende schon Bestand – bis auf unsere Wiesenauer?*

Das Recht aufs Schwein

Nachbarn • Gartenschweinereien •
Hundefreunde • Gerichte •
Recht – oder was man bekommt •
Eine schlechte Nachricht •
Eine gute Nachricht • Köpenick •
Das erlaubte Schwein •

„Menschen sind senkrechte Schweine"
Edgar Allan Poe

Nachbarn sind bekanntlich eine Spezies über die sich immer gut ärgern lässt. Egal wie oft Sie schon umgezogen sind, Sie werden die Erfahrung machen, dass Sie immer ein oder zwei Parteien in der Nachbarschaft haben, die Sie am liebsten auf eine Kreuzfahrt um die Welt wünschen, und das am allerliebsten in die stürmischsten Meere hinein. Zugegeben – wir sind alle Nachbarn von Nachbarn.

Wenn diese speziellen Nachbarn sich nun auch noch Tiere vor allem wegen des Prestiges halten – „Echter Retriever, 3.000 Mark, Schnappel von und zu Büllerühe, hat schon Preise bekommen" - dann sollten Sie sich bei der Anschaffung eines Minischweins auf einiges vorbereiten. Die blanke Verachtung wird Ihnen entgegen schlagen, das Unverständnis Ihnen auf Schritt und Tritt folgen und die dummen Kommentare enden nie.
Besonders unverständlich wird es besagten Nachbarn erscheinen, wenn Ihr Schwein im Garten wühlen darf, wo sie doch nicht einmal ihren Schnappel von und zu auf den Rasen lassen - unter Androhung und Ausübung von Schlägen selbstverständlich.
Solch ein Schnappel lernt übrigens sehr schnell weder zu bellen noch schmerzerfüllt zu jaulen, etwas, was Ihr Schwein nie tun wird. Weder bellen, noch hoffentlich schmerzerfüllt jaulen und schon gar nicht ruhig sein, nur weil Sie das wollen. Schweine quieken Ihnen die Ohren dicht wenn sie nicht bekommen, was sie wollen. In einem solchen Fall lassen sie so richtig die Sau raus. Halten Sie

also schon mal eine Packung Ohropax für Ihre Nachbarn bereit. Nun kann es Ihnen passieren, dass solche speziellen Tierfreunde auch gern mal vor Gericht ziehen. Dazu gibt es zwei Nachrichten - eine gute und eine schlechte. Zuerst die schlechte: Vor Gericht bekommen Sie gewöhnlich nicht Recht sondern ein Urteil. Das Risiko ist also nicht zu ermessen. Die Entscheidung in solchen Fällen hängt von allzu viel Unwägbarkeiten ab.
Möglicherweise hat der Richter schlecht geschlafen. Oder seine Frau hat ihn beleidigt. Manchmal reicht auch ein schlecht durchgebratenes Schnitzel oder einfach nur die Tatsache, dass draußen die Sonne scheint, während der Herr über Gesetz und Ordnung sich Schweinereien anhören muss statt am Pool liegen zu dürfen.

Das war die schlechte, jetzt die gute Nachricht:
Es gibt bereits ein Urteil zur Haltung in Mietwohnungen. Und das erlaubt sie. Das Amtsgericht Berlin-Köpenick hat am 13. Juli 2000 entschieden (AZ: 17C88/OO), dass ein Mieter berechtigt ist, ein Schwein in der Mietwohnung zu halten, wenn es seit zwei Monaten im Treppenhaus nicht mehr nach Schwein stinkt. Der wahre Schweinefreund weiß nun, dass Schweine gar nicht stinken und ihr Kot wesentlich geruchsfreundlicher ist als der von Katzen und Hunden, weshalb diese angebliche Stinkerei nur eine Unterstellung von Schweinefeinden gewesen sein kann. Davon hat sich das Gericht denn auch vor Ort bei einer Beweisaufnahme überzeugt.
Das wirklich interessante an diesem Urteil ist folgendes: Laut Mietvertrag hätte die Schweinefreundin zuvor die Zustimmung der Vermieterin gebraucht. Darauf hatte sie jedoch verzichtet. Dazu stellte das Gericht fest dass „die Mieterin nicht vertragswidrig gehandelt hat, da ihr ein Anspruch auf Zustimmung der Vermieterin zur Haltung des Schweins zusteht". Nach den Vertragsbedingungen dürfe die Zustimmung zur Tierhaltung nur verweigert werden, wenn von dem Tier Belästigungen für anderer Hausbewohner, Nachbarn zu erwarten seien.
Und genau diese Belästigungen schloss das Gericht aus. Sie sehen, man kann auch in Deutschland schon mal richtig Schwein haben.

48

Legenden

Retter • Gerettete •
Richter und Henker •
Lüneburg und Schlesien •
Loyale und Wildsäue • Gesteinigt •

„Man muss ein Schwein sein in dieser Welt, um an das Gute im Menschen zu glauben!" James Herriot

Geschichten und Anekdoten über Schweine gibt es mehr als man glauben mag. Und fast immer beweist der schweinische Held dabei besonders viel Herz und Mut. Solch eine Geschichte ist die von einem Schweinchen in Schottland. Sein bester Freund war ein Kalb. Als der junge Bulle krank wurde, durfte er ein Weilchen nicht auf die Weide. Das Ferkel ließ ihn natürlich nicht allein, leistete ihm Gesellschaft im Stall. Eine weise Entscheidung, der Stall fing nämlich in der Nacht Feuer. Das Ferkel soll daraufhin versucht haben ein Loch zu wühlen, fand dabei einen losen Ziegel und brach ihn heraus. Rund herum brach es daraufhin mit Krallen und Zähnen die Ziegel heraus. Nun reichte die Öffnung allerdings immer noch nicht für das staksige Kalb. Doch auch das war kein Hindernis für das schlaue Ferkel. Kurzentschlossen biss es dem Rindvieh in die Hinterbeine, so dass es hinfiel. Dann schob und zerrte es das Kalb hinaus. Der Farmer soll daraufhin die verkohlte Ruine stehen lassen haben – als Erinnerung an diese Heldentat. Möglicherweise hatte er auch einfach keine Zeit und Lust die Reste wegzuräumen.

In einem anderen Fall ging die Rettungsaktion von der anderen Seite aus. Bei einem Fernsehprojekt in England – ähnlich Big Brother – wurden ein paar Kandidaten auf einer halbwegs einsamen Insel ausgesetzt. Dort sollten sie beweisen, dass sie ohne Hilfe von außen über die Runden kommen. Dafür durften sie auch die dort lebenden wilden Schweine jagen und schlachten. Für eine alte Lady war das zuviel. Kurz entschlossen trommelte sie ihre Bridge-Freundinnen zusammen, nutzte die Tatsache, dass ein Verwandter die Forst- und Jagdrechte auf besagter Insel besaß und sie selbst sowie ihre Freundinnen nicht am

Hungertuch nagten und kaufte ihrem Verwandten die Rechte ab. Seither geht es den Schweinen säuisch gut. Die Schweinefreundin spielt angeblich immer noch Bridge, allerdings um viel Geld, das wiederum den Schweinen zugute kommt.

Auch in Deutschland konnte man manchmal Schwein haben. So unter anderem die Lüneburger. Sie verdanken ihren Wohlstand angeblich einem Schwein. Genauer einer weißen Wildsau. Als die im Mittelalter durch die Gegend zog, verfolgte ein Jäger sie. Hartnäckig pirschte er hinter ihr her. Schließlich beobachtete er, wie sich die Sau in einer Suhle wälzte. Er schoss die Sau mit Pfeil und Bogen, betrachtete sie und stellte fest, dass sie eine Kruste aus Salz trug. Beim Verfolgen ihrer Spur stieß er schließlich auf eine Sole. Nicht schlecht für die Bürger – so kamen sie zu ihrem Salzvorkommen. Und das wurde damals mit Gold aufgewogen. Noch heute findet man im Lüneburger Rathaus einen Schulterknochen dieser sagenhaften Sau.

Bei weitem nicht so dankbar waren die Schlesier, als ein auf der Weide zurückgelassenes Schwein die Glatzer Kirchenglocke aus einem Acker wühlte. Dort hatten sie Einheimische während des Kriegs versteckt und vergessen. Ein Stier musste den Wagen mit der Glocke ziehen. Der bekam sein Denkmal denn auch in Form eines Stierkopfs an der Kirche. Das Schwein wurde vermutlich geschlachtet.

Ihre Loyalität sollen die Schweine bereits zu Zeiten der alten Römer sehr nachdrücklich unter Beweis gestellt haben. Plinius der Ältere erzählt eine Geschichte, wonach Piraten eine Schweineherde geraubt und aufs Schiff getrieben haben sollen. Keine besonders gute Idee, denn die Hirten riefen laut nach ihren Schweinen, als die Piraten wieder in See stachen, woraufhin die Tiere sich aus dem Schiff ins Wasser gestürzt haben sollen. Natürlich alle auf der dem Ufer zugewandten Seite und ziemlich zugleich. Das Schiff kenterte. Was aus den Piraten wurde, ist unbekannt. Man darf allerdings davon ausgehen, dass sie nicht so gut schwimmen konnten wie die Schweine.

Selbst Wildschweine sollen heldenhafte Ambitionen gehabt haben. Allerdings eher unfreiwillig. Königin Adelheid, die Gemahlin Lothars, soll sich so eines Tages aus einer Belagerung durch Berengar befreit haben. Sie ließ es einfangen, fütterte es mit dem letzten Weizen und Roggen, den sie in der Burg hatte, und ließ es dann fliehen. Vor den Burgtoren fingen es die Belagerer ein und schlachteten es. Als sie jedoch die vielen Weizen- und Roggenkörner sahen, resignierte Berengar und zog ab. Es war völlig klar – eine Burg mit derart viel Vorräten konnte er nicht aushungern.

So wie man Schweine heute gern als Glücksbringer sieht, so wurden sie im Mittelalter vor allem als durchaus strafmündig betrachtet. Damals wurde den Tieren regelrecht der Prozess gemacht. Richter, Ankläger, Verteidiger – alles war dabei. Das ganze geschah natürlich öffentlich und ersetzte damit das Fernsehen der Neuzeit. So wurde im 18. Jahrhundert in England ein Schwein gehenkt. Das Gericht befand es schuldig, ein Kind getötet zu haben. Und damit sich die Verwandten nicht ähnliches einfallen ließen, mussten die zuschauen. Sämtliche Schweine aus der Umgebung sollen zusammengekarrt und zum Richtplatz transportiert worden sein – zur Abschreckung. Dieses Schicksal teilten die armen Schweine übrigens mit allen Tieren. Einschläfern war damals unbekannt, Selbstjustiz kam nicht in Frage.

In den slawischen Ländern wurden die Tiere am liebsten gesteinigt. Der Tierbesitzer neigte dazu, die Schuld auf seinen Vier- oder Zweibeiner abzuwälzen und durfte den ersten Stein werfen. Noch Mitte des 19. Jahrhunderts soll ein Schwein in Slawonien gesteinigt worden sein, weil es einem einjährigen Mädchen das Ohr abgebissen hatte. Das Schweinefleisch bekamen die Hunde, das Mädchen bekam vom Besitzer außerdem noch eine Heiratsausstattung – als Schmerzensgeld.

Schweine heute – oder: die Tagessau

„Präsident sollte nur jemand werden dürfen, der auch Schweine versteht."
 Harry Truman

Schweine regen nicht nur die Speichelproduktion vieler an, wenn sie als saftiges Schnitzel auf dem Teller liegen. Sie beflügeln offenbar auch die Phantasie einiger Zeitgenossen. Wer sich mit Schweinen auskennt weiß, dass sie zwar gern schlafen, aber Langeweile hassen. Ein Fakt, der besonders Schweinemästern häufig auf den Magen schlägt. Vor allem dann, wenn sie statt saftiger Schweinsohren nur noch abgekaute Fetzen vorfinden – weil sich die Bagage im Stall vor lauter Enge, Unzufriedenheit und Langeweile gegenseitig ein Ohr abkaut.
Für eine Forscherin der Stuttgarter Uni war das Anlass für viele Grübeleien. Und letztlich der Grundstein für ein Schweinespielzeug. Porky Play heißt das Ding und es besteht aus rostfreiem Edelstahl. Eigentlich ist es nur ein Behälter, der mit Strohhalmen gefüllt wird an denen die Schweine knabbern, ziehen und lutschen können. Ketten sorgen für den richtigen Sound und ein drehbarer Holzbalken bildet das I-Tüpfelchen des Spielvergnügens. Porky Play macht die Bauern und die Schweine offenbar recht glücklich, es wird inzwischen weltweit vermarktet. Das Grundproblem allerdings – die Massentierhaltung – wird damit nicht beseitigt.

Wie ähnlich Menschen und Schwein sich sind zeigt nicht nur deren Verhalten. Auch Forscher beweisen es hin und wieder. So werden in Cambridge Schweine gezüchtet, die menschliche Gene haben. Mit ihrer Hilfe sollen Transplantationen möglich gemacht werden, bei denen der Mensch die Organe am besten gar nicht mehr als Fremdkörper erkennt und sie abstößt. Die Anlagen sind gut – zu 80 Prozent stimmen Mensch und Schwein bereits genetisch überein.
In den nächsten zehn Jahren sollen Mensch und Schwein soweit sein, dass der erste vom zweiten Organe gespendet

bekommt. Dabei denken die Wissenschaftler für den Anfang an insulinerzeugende Zellen, die Diabetikern helfen könnten. Früher oder später sollen Nieren und Herzen dazu kommen. Zwischen Schweinen und Pavianen ist das bereits geglückt.

Doch nicht nur Tierschützer warnen vor solchen Versuchen. Auch Wissenschaftler befürchten, dass solche Experimente der Menschheit mehr schaden als nützen könnten. Denn: Viren, für die Schweine besonders anfällig sind, könnten dann auch auf Menschen diese Wirkung haben. Forscher befürchten eine Art Trojanisches Pferd in solchen Transplantationen.

Für die Tiere selbst sind derartige Forschungen manchmal eine richtige Schweinerei. So entstand zum Beispiel das Riesenschwein nachdem man den Tieren ein menschliches Wachstumshormon eingepflanzt hatte. Das Schwein war wie gewünscht größer. Zugleich aber auch ein Krüppel. Es hatte verdickte Haut, schielte, lahmte, litt an Magengeschwüren Herzkrankheiten und Arthritis.

Einen anderen Erfolg haben dänische Forscher vorzuweisen. Sie haben Schweine derart manipuliert, dass sie weniger Phosphate ausscheiden, und zwar bis zu 75 Prozent. Damit soll die Schadstoffbelastung auf den Feldern verringert werden.

Der Ideenreichtum der Menschen scheint unendlich, gerade wenn es um Schweine geht. So sollen in der Niederlausitz die Schäden durch Wildschweine verringert werden. In Luckau in der Lausitz werden Tüten mit Menschenhaaren an Waldrändern und Feldern angebracht. Die Reste werden in Friseursalons gesammelt. Und sie wirken todsicher – die Wildschweine meiden den strengen Geruch nach Mensch und Parfüm.

Was in der Natur eher fragwürdig erscheint wäre in mancher Großstadt sicher wünschenswert. Doch da scheinen sich die Wildschweine bereits angepasst zu haben. Kein Haus-, Menschen oder Autogeruch kann sie vertreiben. Im Berliner Umland beispielsweise wagen sich die Bewohner kaum noch nach Einbruch der Dunkelheit aus dem Haus. Schäden im

Garten sind in Zeuthen, Waltersdorf oder Schulzendorf an der Tagesordnung. Ein Wildschwein besiegte bereits erfolgreich einen Rottweiler, ein anderes beinah einen Menschen.

Noch einige Sauereien...

„Wer seine Nase nur in Schweinereien steckt, verliert das Gleichgewicht."
Kurt Tucholsky

Das Wort Massentierhaltung lässt in Deutschland immerhin schon ein paar kleine Alarmglocken wenn schon nicht läuten so doch leise klingeln. Die Anforderungen – billig und viel – erzwingen von vielen Bauern den Weg des geringsten Widerstands.
In jedem Stall rüsseln durchschnittlich 145 Tiere vor sich hin. Meist auf engstem Raum und ohne jemals ins Freie zu gelangen. Krankheiten sind somit zu erwarten. Wenn doch keine auftreten ist Erstaunen eher angebracht als im umgekehrten Fall. Artgerecht – dieses Wort hat eine englische Arbeitsgruppe mal näher definiert. Fünf Punkte fassen es zusammen: Freiheit von Hunger, Durst und Fehlernährung; Freiheit von ungeeigneter Unterbringung; Freiheit von Schmerz, Krankheit und Verletzung; Freiheit von unnötiger Belastung und Freiheit zur Ausübung normalen Verhaltens.

Doch Papier ist geduldig.
Die Realität sieht anders aus.
1999 wurde der Fahrer eines Schweinetransporters am Grenzübergang Ludwigsdorf bei Görlitz aus dem Verkehr gezogen. Der Mann war seit 72 Stunden mit einer Ladung Schweinen unterwegs. Die Hälfte der Tiere war bereits verendet - verdurstet, an Stress zugrunde gegangen, von Artgenossen tot gebissen. Der Mann wurde festgenommen, gegen ihn wurde Anklage erhoben. Ebenso gegen seinen Auftraggeber. Die Sache ging mit einer Geldstrafe ab. Ein BGS-Beamter, der die Schweinerei vor Ort miterlebt hatte, konnte nur noch würgen. Ein anderer zeigte sich vom Elend der Tiere derart entsetzt, dass er fortan kein Schweinefleisch mehr essen wollte. Man darf davon

ausgehen, dass ihm inzwischen wieder ein ordentliches Schnitzel schmeckt.

Übrigens eine Behandlung, die nicht nur Mastschweinen passieren kann. Gerade in den USA, wo bereits seit längerem Minischweine in Mode sind, können diese nicht immer ein wirklich schönes Leben führen.
Eine Familie, die sich der Rettung der Tiere verschrieben hat, weiß davon ein Lied zu singen. Als die Tierfreunde ihr erstes Minischwein erhielten, hatten sie keine Ahnung, wie man diese eigentlich hält.
Mit Selbstvertrauen – wir haben schließlich Hunde und Katzen, ein Haustier ist ein Haustier, so groß kann der Unterschied nicht sein - und Liebe gingen sie die Sache an. Ihr Fazit nach einem Jahr: „Das Schwein überlebte trotz uns aber sicher nicht wegen uns." Immerhin wurden sie dabei zu solchen Experten, dass sie in kürzester Zeit zu einer Art Notaufnahme für vernachlässigte, unverstandene und ungeliebte Minischweine wurden. Und dabei lernten sie das Elend vieler solcher Tiere kennen. Manche Besitzer erschossen die Tiere einfach, andere vergifteten sie oder hetzten die Hunde auf die Schweinchen, erlaubten ihnen, sie zu zerfleischen. Einige der Schweinebesitzer machten noch ein paar Dollar bei Versteigerungen mit den Minis – und die landeten dann als Futter im Hundenapf.

Noch immer zählt Schweinefleisch zum am meisten gegessenen Fleisch in der Welt. Mit 41 Prozent führt es die Hitliste an. Geflügel folgt mit 29 Prozent auf Platz zwei, Rindfleisch schafft es auf 25 Prozent. Allein in den USA stieg der Verzehr von Schweinefleisch von 1980 bis 2000 um 73 Prozent. Und niemand muss gleich zum Vegetarier werden, nur weil er Schweine mag.
Dennoch – angesichts mancher Zustände kann einem der Appetit gründlich vergehen.

Tierschützer berichten von einem besonders schlimmen Fall in England. Auf einer Farm wurden nicht nur die Schweinchen ohne Betäubung kastriert, sie wurden auch regelrecht gequält, zum Teil sadistisch. Kranke Tiere wurden brutal geschlagen, getreten, mit Haken malträtiert, mit

Knüppeln vergewaltigt und lebendig in den Verbrennungsofen geworfen. Der Tierschützer, der hier als „Undercover-Agent" zugegen war, beschreibt unter anderem, was nach einer solchen Tortur weiter geschah:
„Kelly begann, den linken Hinterfuß am Knie abzusägen, und während er das gerade tat, zog das Schwein noch einmal tief Luft ein und bewegte die Vorderbeine. Als der Fuß abgesägt war, meinte Kelly: ‚Nun gib's endlich auf, du Miststück. Verdammt noch mal. Das wird sowieso nichts.' Dann begann er, ihm das linke Vorderbein abzusägen."
Das war in England.

Doch noch immer gilt Tierquälerei in Deutschland nur als Sachbeschädigung und wird entsprechend geahndet - wenn überhaupt.

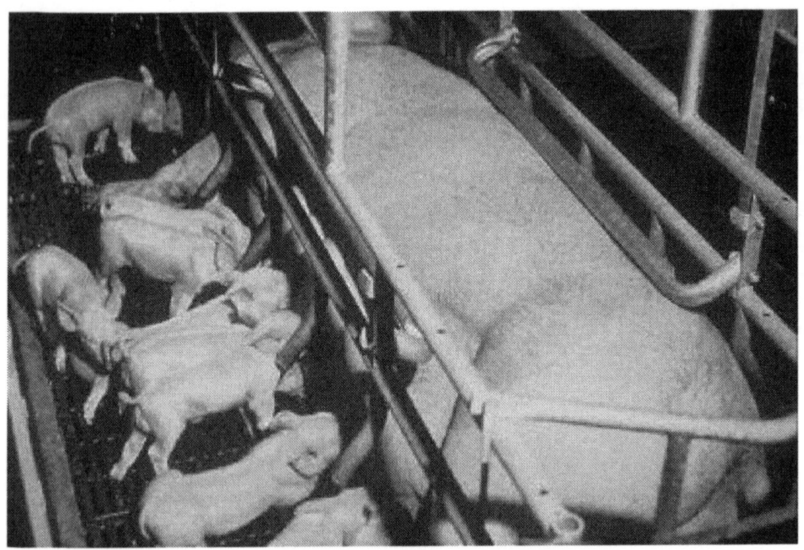

Deutsche Mast-Sauereien

Der Name der Schweine...

Idee der Kapitelüberschrift: geklaut bei Umberto Eco

Afrikaans	vark
Albanisch	derr; thi
Angelsächsisch	swín
Bengalisch	shuor
Bosnisch	svinja, prase
Bretonisch	moc´h; hoc´h
Dänisch	svin
Englisch	pig
Esperanto	porka
Estnisch	siga; põrsas
Finnisch	siko; siat
Flämisch	kuuske, verken
Französisch	cochon; porc
Friesisch	baarch; swyn
Griechisch	choiros
Haiti	Kreyol; kochon
Hawaiianisch	pua´a
Hindi	soor
Indonesisch	babi
Irisch	Muc, banbh
Isländisch	svín
Italienisch	porco; suino
Japanisch	buta
jiddisch	haser
Katalanisch	porc
Kroatisch	svinja
Latein	suidae; sus scrofa domestica
Lettisch	cuka
Niederländisch	varken
Niedersorbisch	swinja, swini, hunts
Norwegisch	gris; svin
Obersorbisch	swinjo, swinko
Philipinisch	baboy
Pidgin	pik
Plattdeutsch	swien
Polnisch	swinia; prosiak
Portugiesisch	porco

Rumänisch	porc
Russisch	swinja
Schwedisch	svin; gris
Serbisch	svinja, prase
Slowenisch	ošípaná
Spanisch	cerdo
Tamil	eRuzi
Tschechisch	slitek
Tschetschenisch	haqa
Türkisch	domuz
Turkmenisch	donguz
Ungarisch	sertés; disznó
Vietnamesisch	heo
Walisisch	moch, porchell

Übrigens: Esel züchtet Peter Schwarz seit ein paar Jahren auch. Nicht nur um das Märchen vom *dummen Esel* und der *blöden Sau* zu widerlegen – aber auch.

Kontakt zum Züchter:
Peter Schwarz • Hauptstrasse 77 • 15295 Wiesenau
Telefon: 03 36 09 – 3 52 59
oder
Lokal „Zum Schwarzen Peter"
Moskauer Strasse 80 • Frankfurt/Oder
Telefon: 0335 – 63 000

Das FAKTuell – Programm

Der Autoren-Verlag

Wir machen´s einfach...

Die Verlagslandschaft hat sich verändert. Seit die moderne Elektronik eine Lagerhaltung überflüssig macht, ist die Herstellung von Büchern günstiger geworden. FAKTuell war von Beginn an bei dieser Entwicklung an vorderster Front dabei.

Autorenverlag

Jeder kann in diesem neuen System *sein* Buch veröffentlichen. Der ganze Redigier- und Layoutservice wird von FAKTuell geliefert.

Wir machen aus Ihrem Manuskript ein Buch. Innerhalb unseres Verlagsprogramms oder im Selbstverlag. Mit allen notwendigen Leistungen, von der ISBN (Buchnummer) bis zum Eintrag in den aktuellen Buchhandelskatalog der lieferbaren Bücher.

In der Regel dauert das vom Manuskripteingang bis zum lieferbaren Buch nur 6 – 10 Wochen.

Ihr Honorar...

...ist deutlich höher, weil wir nur einen geringen Anteil am tatsächlichen Buchumsatz und eine Pauschale für die Fertigstellung und Anmeldung erhalten.

Risiko

Jede verlegerische Aktion ist mit wirtschaftlichen Risiken belastet. Das sollte man stets berücksichtigen. Dieses Risiko führt oft zur Ablehnung neuer Autoren durch die etablierten Verlage, die ohne Autorenzuschuss arbeiten.

Im Selbstverlag oder bei sogenannten Beteiligungs-Verlagen beläuft sich das Autorenrisiko zumeist auf mehrere Zehntausend Euro – für den Autor!

Bei FAKTuell tragen Sie natürlich auch ein finanzielles Risiko – ein überschaubares. In der Regel zwischen 800 und 1000€ pro Buch. Die Beträge sind fix, Überraschungen durch Nachforderungen gibt es keine.

Ihr Buch bleibt solange beim Buchhandel gelistet und lieferbar, wie Sie es wünschen.

FAKTuell-Verlag ISBN 3-89811-484-8

Geschichten von Christopher Ray,
der sich seit Jahren im Internet seinen
Ruf als „DerPoet" geschaffen hat, und
damit zum meistgelesenen lebenden
deutschsprachigen *Dichter* wurde.
Stimmen der Kritiker:
„Erotisch, ironisch und doch liebevoll!"
„Ungereimtes in Reimen – unglaublich
lesbar und amüsant..."
„Man/n kann ihm nicht böse sein –
Frau auch nicht!"
Leseprobe: www.DerPoet.de/derpoet

Neuerscheinungen Winter 2001/2002

"Nostradamus -
Propheten, Prophezeiungen und das Wesen der Zeit"
Autoren: Eric E. deWitt & Christopher Ray
Sachbuch - Persönlichkeitstrainer und Esoterik Spezialist de Witt beleuchtet
Propheten, Prophezeiungen und deren Realitätsbezug zur Zeit. Zusammen
mit dem Autor und Journalist Ray entwickelt er dabei eine plausible Theorie
über das Wesen der Zeit, mit der sich erstmals Phänomene wie De-ja-vous,
Alzheimer und prophetische Vorhersagen erklären lassen.
Allgemeinverständlich und unterhaltsam.

Sonderband 2 in 1:
Stalking - die harte Art der Liebe
Autoren: Anna de Gouvernator & Christopher Ray
Erfolg ist machbar
Autoren: Eric E. deWitt & Christopher Ray
Stalking - wenn Liebe zu Besessenheit wird. Die Autoren haben Praxisfälle
analysiert und allgemeinverständlich in Fallgeschichten umgesetzt.
Lösungsvorschläge, die aus den Interviews mit Stalkern und deren Opfer
resultieren werden hier erstmals vorgestellt.
Erfolg - Die Autoren zeigen den Weg von der Person zur Persönlichkeit auf.
Erfolg, ob beim Partner oder im Beruf ist ganzheitlich und dauerhaft nur durch
die Entwicklung einer stabilen Persönlichkeit möglich. Dieses Buch zeigt den
Weg zur eigenen Persönlichkeit auf.
Sonderband - Beide Themen haben einen sehr engen Bezug. Die preisgünstige
Sonderausgabe soll den Lesern die Möglichkeit geben über das jeweils
ursprüngliche Thema hinaus denken und handeln zu können.

Ich - Dünnbier und Die Maschine
Autor: Christopher Ray
Roman - Auf dem Modell des Wesens der Zeit, das in dem Sachbuch
"Nostradamus..." entwickelt wurde, hat Christopher Ray den fiktiven
Hintergrund unserer Existenz geschrieben. Voller Ironie, mit einem mehr als
göttlichen Überwesen (Ich) und einer handvoll ganz durchschnittlich
funktionierender Charaktere, die Ihnen auf jedem Postamt begegnen können.
Glänzende Unterhaltung, wie sie sonst nur Terry Pratchett zu liefern versteht.

Kontakt:
FAKTuell –Verlag
Redaktion Berger-Lenz
An den Birken 5
02827 Görlitz
Fakt@FAKTuell.de • www.FAKTuell.de

FAKTuell ® ist eine eingetragene Marke der Redaktion Berger-Lenz

FAKTuell...
...wir machen´s einfach!